忘れられない冬の日の思い出

こねこのいのち

高橋さくら／著

ハート出版

最近《さいきん》、動物を粗末《そまつ》にする話が増《ふ》えている。

犬も猫も、ガス室《しつ》に閉《と》じ込められて死んでいく。そんな話を聞いて、私は心を痛《いた》めている。

だからもう一度、みんなに命の大切《たいせつ》さを知ってほしい。かけがえのないもので、なくしてしまったら取り返しのつかないことも。

一人《ひとり》でも多くの人に、気づいてほしい。

こねこのいのち　もくじ

出会い

小学校のころ、家族全員で夜、外食《がいしょく》をした帰り道でのことだった。父と母より先に食べ終わった私は、ポケットに手を入れながら、星と自分の吐《は》く白い息《いき》をながめていた。

明日は日曜だったので、何をしようかとぼんやり考えていると、隣《となり》で歩いていた姉が私の腕《うで》を突っついてきた。

「ねぇ、あれなんだろう？」

そう言って、姉が指さした先に視線《しせん》を落とすと、そこには黒いかたまりがあった。

あたりはすでに暗く、その黒いかたまりは電灯《でんとう》の光をちょうどよけたところにあったので、それがなんなのか私には見当《けんとう》もつかなかった。姉も食《く》い入《い》るようにその黒いかたまりを

じっと見つめていたので、正体《しょうたい》がわからなかったのだろう。それでも姉は、ためらわずにその黒いかたまりに近づいていった。

「猫だ！」

数歩《すうほ》進んだところで、姉が声のトーンを上げて嬉《うれ》しそうに言った。暗くて確認《かくにん》はできないが、きっと姉は思いもせぬできごとに目を輝《かがや》かせているだろう。それもそのはず、私たちは野良《のら》猫を見つけては立ち止まって触《さわ》りにいくほどの、根っからの猫好きだったのだ。

姉の言葉に期待《きたい》をふくらませて、私より背《せ》の高い姉の肩《かた》からのぞき見るように、私も顔をだして確《たし》かめる。

「あ、ほんとに猫だ」

猫特有《とくゆう》の光る瞳《ひとみ》が二つ、暗闇《くらやみ》の中にうかんでいた。こっちの動きを観察《かんさつ》するかのように、その瞳《ひとみ》は私たちに向けられている。

好奇心《こうきしん》から私が近づいて行くと、その行動《こうどう》を子猫の瞳《ひとみ》が追いかけてくる。見ると、黒いかたまりの正《しょう》体《たい》は、まだ小さい黒の子猫だった。毛が立っている種類《しゅるい》の猫だろう。

頭からしっぽまで、本当の体積《たいせき》の二倍《ばい》はあるんじゃないかと思うほど、ふっくらと毛が立っているその子猫は、この世にある危険《きけん》なことなど一切《いっさい》知らないし自分と関係《かんけい》ないと言わんばかりに、道のすみでどうどうと横たわっていた。

「にゃぁ」

私たちを見つめながら、小さい口を開けて鳴いた。その声は、私が想像《そうぞう》していた声よりも、とても弱々《よわよわ》しく震《ふる》えていた。私たちを警戒《けいかい》しているのか、おびえているのか、はたまた寒がっているのかわからなかった。

「立てないのかな？」

姉が、子猫のそばにしゃがんでつぶやく。

そういえば、いかくの動作《どうさ》も逃げるしぐさも全然しないなぁと思い返していたら、今でも十分《じゅうぶん》近いのに、姉は少しずつ猫に近づいていく。最近の猫は、人間に対して用心《ようじん》深く、足を少し動かしただけでも逃げてしまうというのに、その子猫はそんな姉を見てもぴくりとも動かなかった。そんな子猫の足に、私の目線《めせん》が集中した。

「足、ケガしてるのかもよ？」

私が言うと姉はそうだね、とうなずいた。

チチチ、チチチ。

試《ため》しに姉が舌《した》を鳴らしながら近づいていく。逃げちゃうんじゃないかと内心《ないしん》びくついていたが、子猫は立つこともせずしきりに鳴くだけだった。

「やっぱり、何か理由《りゆう》があって立てないみたいだね」

私はそう言いながら、子猫の様子を見届《とど》けた。子猫のり

んかくを目でたどっていっても血が流れてる様子はなかったので、ケガではなく骨折《こっせつ》や何かだろうかと考えた。骨折《こっせつ》ならば、もちろん立てるはずがない。

子猫がおびえないようにゆっくりと歩くのを心がけて、姉は足を進める。姉が緊張《きんちょう》している様子が伝《つた》わり、それ以上に私は緊張《きんちょう》した。

「にゃー、にゃー！」

近づくにつれ、子猫の鳴き声が一段《いちだん》と大きくなる。その声を聞いて、なんだかいたたまれなくなってきた。私は、子猫との距離《きょり》を必

死にちぢめようと頑張《がんば》っている姉の肩《かた》をつかんだ。

「ねぇ、怖《こわ》がってるみたいだよ？」

姉がふり返ったので、近づかないほうが良いと首を横にふった。姉は私に止められて、少しうつむく。

「……そうだね、怖《こわ》がってるのかもね」

でもほおっておけないし、と姉はつぶやいた。その気持ちはわからなくもなかった。けれども、ほおっておいても大丈夫《だいじょうぶ》でしょ、と思う気持ちも確《たし》かにあった。

「まだ、お母さんたちは帰ってこないよね？」

私が心の中でかっとうしていると、姉が子猫のほうを見つめながら何かを悩《なや》むように聞いてきた。

「多分ね。外食《がいしょく》ついでに買い物に行くみたいだから」

何でそんなことをきくのかと不思議《ふしぎ》に思いつつも答えると、姉が決心《けっしん》をつけたようにすっと立ち上がった。そのとうとつな動きに、子猫が少しびっくりして耳を立てた。

「コレ、持ってて」

立ち上がるなりそう言って、強引《ごういん》に私にバックを押しつけてきた。私は考える暇《ひま》もなくそれを受け取ってしまった。

押し返してやろうと思ったが、姉が妙《みょう》に真剣《しんけん》な顔つきをしてしゃがんだので文句《もんく》さえも言えなかった。

子猫の目線《めせん》に近づくよう腰《こし》を落として、姉は子猫にゆっくりだが近づいていく。

「怖《こわ》くないよ〜」

そうなだめるように言って、手を子猫に差し伸《の》べる。

「にゃー」

子猫は、じっと緑色の瞳《ひとみ》で手の動きを追いかけた。やがて手は子猫の体を通過《つうか》して、地面と子猫の体の間に滑《すべ》り込んだ。そして、子猫が落ちないようにしっかりとつかむと、姉の胸《むね》まで引き上げられた。

「にゃぁ、にゃぁ」

姉の腕《うで》に抱きかかえられながら弱々《よわよわ》しく鳴く子猫。やっぱり怖《こわ》がっているのだろうか。だけれども、子猫の様子からしてそれはないような気がした。

どちらかというと冒険気分《ぼうけんきぶん》を味《あじ》わっているかのように
ほほえんでいた。

「可愛《かわい》いね」

姉の腕《うで》にすっぽりおさまっている子猫を見て言った。

姉はその笑《え》みをたやさないまま、子猫をなでつづける。愛《いと》しいものを大事にするみたいに、その動作にはやさしさが感じられた。

私は、「家に持って帰るんだな」と直感《ちょっかん》した。

案《あん》の定《じょう》、その子猫を抱きかかえたまま、姉は家への帰り道を歩《あゆ》みはじめた。道のはしに立てられた電灯《でんとう》が、私と子猫を抱きかかえている姉の影《かげ》をちぢめていった。

子猫

子猫の毛はぼさぼさで、ところどころ汚《よご》れていた。このままじゃかわいそうなので、まず私たちはお風呂場《ふろば》へ向かった。私の家は洗面所《せんめんじょ》とお風呂場《ふろば》が一緒《いっしょ》になっていて、子猫を洗《あら》うためにはお風呂場《ふろば》に行かなくてはいけないのだ。

よほど寒かったのだろう。私がさわった猫はとても冷たかった。ひんやりとしていて、とても血の通《かよ》っている生き物とは思えなかった。

子猫を洗面台《せんめんだい》の上におく。そして、じゃ口をひねってあたたかいお湯をだした。普通《ふつう》の水よりにごった色のお

湯からは、たちまち白い湯気《ゆげ》がたっている。そのお湯にあたり、子猫は気持ちよさそうに目を細めた。そんな愛《あい》らしい様子を、二人《ふたり》して上からながめていた。

お湯にあたってから毛は少しきれいになったものの、まだまだ汚《よご》れているところはあった。

手で洗《あら》うのいやだな……。

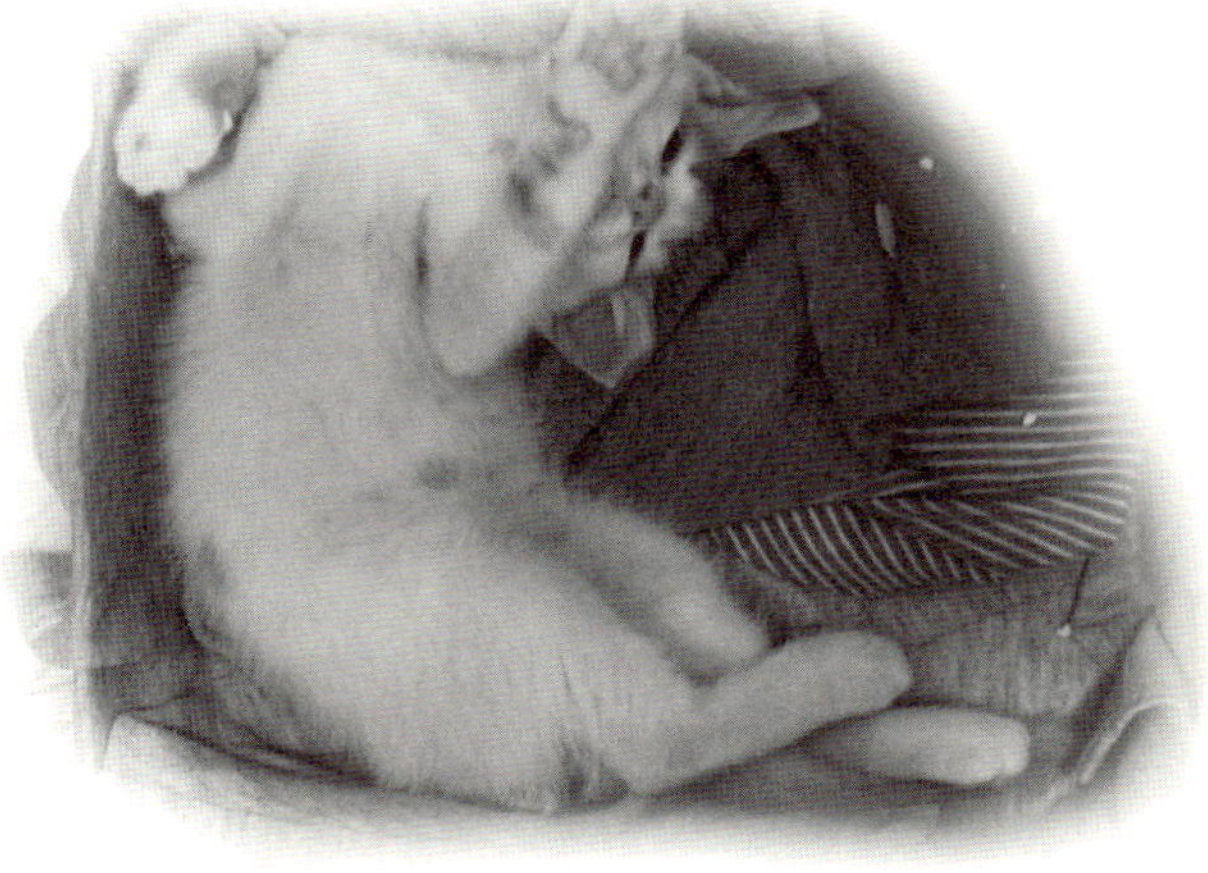

洗《あら》うためには何かで毛をこすらなければいけない。さすがに人間が使うスポンジでこするわけにはいかないし、お湯にあてておいて洗《あら》わないわけにもいかない。だったら、人間の手で洗《あら》うしか……ないか。いくら子猫が可愛《かわい》いといっても、それを自分でやるのには気が引けた。

姉に洗《あら》ってもらおう、私はそうずるく考えた。

そしてそれを伝えようとするやいなや、視界《しかい》に肌《はだ》色の棒《ぼう》が横切った。それは、腕《うで》まくりをした姉の手だった。

姉の手は石けんを片手に毛を泡《あわ》立てながら子猫をきれいにしていく。ゴミも汚《よご》れも、指をうまく使って落としていった。最初は茶色の泡《あわ》が立ったが、じきにだんだんと白くなっていった。

「き、汚《きたな》くないの!?」

思わずびっくりしてきいてしまった。

姉も子猫の毛を洗うのは嫌《いや》だと思っていたからだ。私よりも面倒《めんどう》くさがり屋の姉が、まさか自ら進んでやるとは思いもしなかった。

「汚《きたな》いけど、綺麗《きれい》にしてあげたいじゃん」

姉は子猫の顔だけ残して、体中を泡《あわ》だらけにしていく。

丁寧《ていねい》に、口や目に泡《あわ》が入らないように気をつけているのが、私にもわかる。優《やさ》しそうな手つきで洗《あら》われている子猫は、今にも口笛《くちぶえ》を吹《ふ》きはじめるんじゃないかと思うほど、幸せそうに目を細めていた。

「それに、汚《きたな》くなったら洗《あら》えばいいだけだしね」

そう言ってにっこり笑う、普段《ふだん》は私より面倒《めんどう》くさがり屋の姉。

「そっかぁ……」

姉は、生き物をとても大事にしてる人だった。

私は自分の考えを恥《は》じた。そして、あぁ……私も、そんなこと言えたらいいな、と自分のことより生き物のことを優先《ゆうせん》する姉にあこがれた。

「よしっ！」

私は声をあげて姉と同じように腕《うで》をまくった。そんないきなりの私の行動に姉は少し驚《おどろ》いて、子猫を洗《あら》う手を止めた。子猫のほうも、いきなりの声にびっくりしたのか、今までつむっていたまぶたを開き、丸い目をもっと丸くしてこっちを見ていた。

「私は何をやればいい!?」

いきおいこんでそうきくと、姉は少したってからぷっと笑いをこぼした。私の変わりようがおかしかったのだろう。

姉に笑われて、私は少しほほが熱くなっていくのを感じた。

「じゃあ、そのバケツにお湯入れて。子猫を洗ったらそっちにうつすから」

二つ返事で、私は姉に言われたとおり、バケツにお湯

をためようと洗面台《せんめんだい》の下についている
じゃ口の下にバケツをおく。そしてお
湯の温度《おんど》を手で確認《かくにん》しながらバケツに
お湯をためはじめた。すると、バケツ
にはったお湯からも、さかんに湯気《ゆげ》が
立ちはじめた。その湯気《ゆげ》が届《とど》いているかのように、私の心
は何だかあたたかかった。

何かのために自分が行動してる。
そう思うと力がわいてきて、とてもいい気分になった。
すると姉がとつぜん、あっ！と声をあげた。

「ど、どうしたの？」

お風呂場《ふろば》にひびきわたるその声に、びっくりしてきかえす。見上げると、子猫を洗《あら》う姉の手が宙《ちゅう》で止まっているのを見つけた。

「忘《わす》れてた」

「な、何を？」

ぽかんとしている姉を見上げながらきく。どきりと心臓《しんぞう》がはねあがる。

「この子猫、洗《あら》ったらどうしよう？」

「あ……」

「……」

「……」

その問《と》いに数秒間《すうびょうかん》、空気は固《かた》まった。

「……家で、飼《か》えないかな？」

バケツに猫がおぼれないくらいのお湯がたまったので、
じゃ口《ぐち》を閉《し》める。

姉がわらにもすがる気持ちで口にした言葉に、私は首を
ふる。

「お母さんが……許《ゆる》さないよ」

そう言って私は視線《しせん》を落とした。それはつまり、子猫を

見捨《す》てるということを意味していた。言ってから、私は自分の言った言葉に自分で傷《きず》ついた。

「そうだけど……」

姉が悲《かな》しい声で言う。姉も子猫を飼《か》えないことくらいは百も承知《しょうち》だったはずだ。だからこそ、飼《か》いたいと粘《ねば》る気持ちなのだが。

「なんとか、説得《せっとく》できないかな～」

少し投げやりに姉は言った。

本当だよと、私は心の中でうなずいた。なんとか説得《せっとく》して、この子猫を飼《か》いたいと本気で思った。でも、それがかなわない夢だということも知っている。

母は動物が嫌いで、特に気まぐれな猫を嫌っている。私たちはいつも飼《か》いたいと言ってせがんでいるのだが、全く買ってくれる気配《けはい》はないのだ。そんな母の意志《いし》を変えることはできるのだろうか……？

頭を悩《なや》ませた。どうしたらいいのだろう。

子猫はやせこけて弱っている様子で、とても外に放《はな》せる状態《じょうたい》ではない。放《はな》したら、自然界《しぜんかい》のきびしさに倒《たお》れてしまうんじゃないか。だったらなおさら、外にかえすわけにはいかない。

私が悩《なや》んでいるといつのまに洗《あら》い終わったのか、姉がバケツにゆっくりと子猫をつからせていた。

「にゃー」

その子猫の泣き声に呼ばれたかのように、私と姉はバケツの周《まわ》りを囲《かこ》んだ。

キレイになった子猫が、気持ちよさそうにバケツの中で体を休ませている。

悩《なや》んでいるのも忘《わす》れて、私たちがその可愛《かわい》らしい姿《すがた》に見とれていると、驚《おどろ》いたことに子猫が赤く小さい舌《した》をだしてバケツの水をなめはじめていた。

「の、のど乾《かわ》いてるのかな？」

驚《おどろ》いて私たちは目を合わせる。

「大丈夫かな？　この水に石けん混《ま》じってるけど……」

バケツのまわりには泡《あわ》がついていた。洗《あら》ったままの猫を流しもせずそのまま入れたので、毛についていた石けんが広がったものだ。

二人して心配《しんぱい》そうに考えていると、にゃぁと子猫が可愛《かわい》い声をひびかせた。バケツをのぞき込むと、子猫が目を細めている。
お風呂場《ふろば》に私たちの笑い声がひびいた。
なんだか、子猫から幸せをもらった気がした。

説《せっ》得《とく》

とりあえず、母を説得《せっとく》するために言葉を考えなくては……。

私は、姉からその大事な役を任《まか》された。文章を考えるのが上手《うま》いからと言われ、舞《ま》い上がって私は引き受けてしまったのだ。

目の前に紙を一枚おいて、それに言葉を書こうと準備《じゅんび》したのだが……。

「大人相手に……子供の言い分なんて通じるのかな？」

さっきからこの疑問《ぎもん》がたえず私を悩《なや》ませる。

子供の言ってることなんて、真《ま》に受けてくれないだろうと思った。

どうせ本気で飼《か》いたいなんて思って

ないだろう。

そんなことを母は考えてそうで怖《こわ》かった。本気でうったえても、一時《いちじ》の気の迷《まよ》いだと思い込まれるだろう。

そんなんじゃあ、説得《せっとく》もありゃしない。

私はため息《いき》を吐《は》いて、言葉がなにも浮かばなく暇《ひま》だったのでお風呂場《ふろば》をのぞき込んだ。姉と、子猫が入っているバケツがある。姉は嬉《うれ》しそうにしゃがんでバケツの中を見つ

めていた。私も暇《ひま》つぶしにと思って近くに行ってみる。上から子猫を見下《お》ろすと、子猫と目が合った。黒いきれいな毛色からのぞく緑色の瞳《ひとみ》は、私を深くひきつけた。澄《す》んだ瞳《ひとみ》から、子猫の無邪気《むじゃき》な一面がうかがえる。

さっきまでは毛がぼさぼさで汚かった子猫だが、なんだかこう見ると、もっと愛着《あいちゃく》がわいてきた。

よしっ！なんとしてでも飼《か》うぞっ！

私は心にちかって、急いで椅子《いす》に座《すわ》り、また真っ白な紙の前でうーんとうなり、考え込んだ。

時計をちらりと見やる。母が帰るまでそう時間はないはずだ。だけど、そう思って焦《あせ》るほど良い言葉は姿《すがた》を見せない。

このまま言葉も浮《う》かばず仕方《しかた》なくこの子猫を外に放《はな》したとして、これからあのやせこけて弱々《よわよわ》しくなった子猫は生きていけるのだろうか……？

私は頭を抱《かか》えた。

「ムリだよ……きっと死んじゃうよ……」

いきなり悲《かな》しみがこみあげてきた。死んでほしくない。生きていてほしい。だからこそあの子猫を飼《か》いたいという気持ちが、ペットショップで売ってる猫を飼《か》いたいという気持ちよりもあるのだ。

あ、と声をもらし、私はやっとそのことに気づいた。

「そうだ！」

そうだ、何でわからなかったのだろう。この気持ちをお母さんに伝えればいいんじゃないか⁉

私は鉛筆《えんぴつ》を強くにぎりしめて幼《おさな》いなりなりに自分の思いを書きだした。

絶対生きていてほしい、死なせたくない！

ただ単《たん》に猫を飼《か》いたいんじゃない。子猫に生きていてほしいんだ！

これならさすがの母も許《ゆる》して飼《か》ってくれるんじゃないかと気持ちが高ぶり、書いてるうちに嬉《うれ》しくなった。子猫とこれから一緒《いっしょ》にいられると思うと、自然《しぜん》にほほがゆるんでくる。

鉛筆《えんぴつ》は止まることなく紙の上でおどった。そして、紙にだいたい

の気持ちをつづってから、お母さんが帰ったときに子猫を見つけてしまっては説明《せつめい》するのが面倒《めんどう》くさいので、外に新聞紙でつつんだ子猫を隠《かく》した。

外で弱《よわ》っている子猫を見かけたのでそれを飼《か》いたい、という設定《せってい》だった。

「待っててね」

そう言って私は、新聞紙でつつんだ子猫を外に残して家へと戻る。

もうすぐお母さんが帰ってくる。

私は子猫を飼《か》えるんじゃないかという大きな期待《きたい》で、これまでにないほどドキドキしていた。

だけど……。

人生そんなに甘《あま》くはなかった。

別《わか》れ

「だめよ」

母はあっけなく拒否《きょひ》した。明日のご飯のために台所で調《ちょう》理《り》をしている母の後姿《うしろすがた》を見ながら、私はそれでも負けじと言った。

「お願い！　このまま子猫をそのままにしてたら死んじゃうの！　家で飼《か》わせて!!」

「だからだめってば」

必死の思いも、そのたった一言《ひとこと》で打ちのめされる。すると、そくざに横にいた姉は言った。

「お母さんも子猫が死ぬなんて嫌《いや》でしょ？」

同情《どうじょう》を誘《さそ》うようにと考えた言葉で、それでも母は猫を飼《か》うなんていうことを視界《しかい》にいれていないみたいだ。大きなため息《いき》が部

屋にひびいた。

「野良猫《のら》はね、外で生きてきたんだからそう簡単《かんたん》に死なないわよ。それに、子猫なんでしょ?」

私と姉は何も考えずうなずいた。

「母親《おや》が探《さが》しているんじゃない?」

予想外《よそうがい》の母の言葉に、私たちは言葉につまった。

「そうでしょ?」

母の言葉に、どこか納得《なっとく》してしまう自分がいた。そうだ、子猫なのだ。親《おや》が探《さが》しているかもしれない。

だったら、私たちと暮《く》らすより、親《おや》の元《もと》にいたほうが良

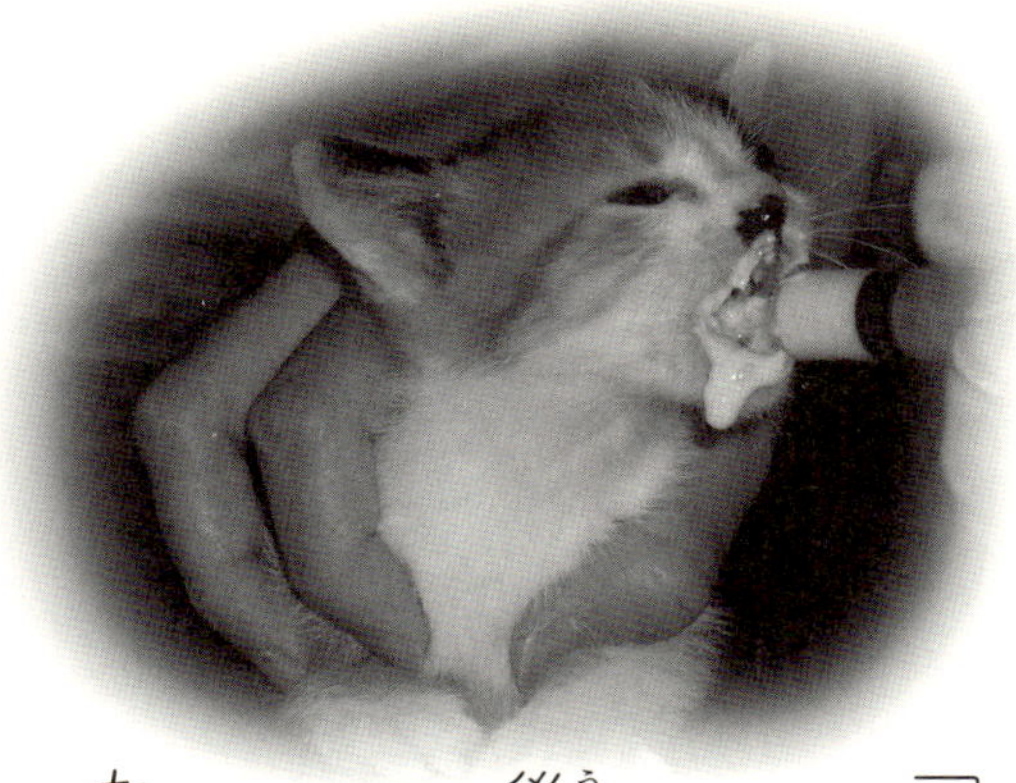

いんじゃないか？

「でも、親《おや》はいなかったよ？」

姉が助《たす》けを求《もと》めるような目で母の後姿《うしろすがた》を見つめる。

はっとなり、私は少しでも子猫を飼《か》いたいという気持ちが薄《うす》れてしまったことに恐《おそ》れを感じ、そんな考えをふりはらうように首をふる。そして口をとがらせて言った。

「そ、そう。親《おや》いなかったもん」

子供のように、小学生の私が言う。

だって、本当は知らないのだ。あの子猫が横たわってる一瞬《いっしゅん》に立ち寄《よ》っただけで、その後に親《おや》が来たかもしれない。でもそんなことも考えずに、私たちは子猫を救《すく》う気持ちで持ち帰ってしまった。

もしかしたら、私たちは自分たちが子猫の命を救《すく》うヒーローだと思い込み、その思い込みが大きすぎて重大《じゅうだい》なミスを見逃《のが》してしまったのではないの？

「たまたまいなかっただけでしょ？　もう迎《むか》えにきてるはず

だよ。じゃなきゃ、じきに迎《むか》えに来るから安心しなさい」
母に図星《ずぼし》をさされて、うっとひるむ。
もう迎《むか》えにきてるはず、と母は言ったが……。
迎《むか》えに、来ないよ。
私はうつむいた。
だって、子猫は今その場所にいないんだもん。
ぎゅっと拳《こぶし》をにぎった。母についた嘘《うそ》が、今は私たちを
不利《ふり》な状況《じょうきょう》においこんでいる。
「お姉ちゃん……」
助《たす》けを求《もと》めるように横目で姉を見ると、姉は首を横に

ふった。

「あきらめよう……」

その言葉を聞いたとき、胸《むね》を強くしめつけられた。姉はそんな簡単《かんたん》に子猫をあきらめられるほど、子猫を思ってはいなかったのだろうか。悲《かな》しくて、苦《くる》しくて、言葉も出なかった。姉がだまって玄関《げんかん》へと向かったので、私もひとテンポ遅《おく》れながらも玄関《げんかん》へと向かった。

外にいる子猫に別《わか》れを告《つ》げるためだった……。

重《おも》い足取りで外にでて、すぐに姉は新聞紙でつつんだ子猫を抱きかかえた。私はその様子をだまって見ていた。もしかしたら、私より姉のほうがよっぽどつらいのかもしれない。あんなに一生けんめいになって洗ったのだから、愛《あい》着《ちゃく》がわいてこないわけがない。

新聞紙は子猫をすっぽりつつんであるので、今の状態《じょうたい》からは子猫の様子がうかがえない。暗くてよく見えないこともあり、おぼつかない足取りで、私たちは大通りに出た。そして電灯《でんとう》の下に行き、姉が新聞紙をめくる。

「子猫ちゃんと、さよならだね……」

そう言って見た子猫は、目をつぶっていた。すごい久《ひさ》しぶりに見たような感覚《かんかく》がして、妙《みょう》になつかしい。

「寝てるのかな？」

姉が起こそうと猫のお腹《なか》に手を当てた瞬間《しゅんかん》、

「冷たっ！」

姉は素早《すばや》く手を引っ込めた。あまりの速《はや》さにびっくりした私は、不思議《ふしぎ》そうに姉に視線《しせん》を移《うつ》した。姉は目を大きく見開いて、子猫をじっと見つづけていた。

「ど、どうしたの?」

私がきくと、姉が硬直《こうちょく》した顔をしながら、もう一度子猫のお腹《なか》に手をあてた。そして、姉が息《いき》をのむ音が聞こえた。緊張《きんちょう》した雰囲気《ふんいき》があたりをつつみこむ。

「う……」

「えっ!?」

「う、動いてな……」

私は姉が何を言うのか理解《りかい》して、猫に素早《すばや》く触《ふ》れた。手をあてた瞬間《しゅんかん》、手の熱が子猫の体へと流れて冷たい感覚《かんかく》が手についた。

そ、そんなまさか……。

嫌《いや》な予感《よかん》が頭を支配《しはい》した。半信半疑《はんしんはんぎ》で、私は子猫のお腹《なか》の上に手をおきつづけた。生きているなら、息をしているなら、心臓《しんぞう》が動いているはずだ。でも、手に振動《しんどう》はこない。手を放《はな》すと、ろっこつのでこぼこした骨《ほね》の感覚《かんかく》だけが手に残っていた。

「し、死んで……」

視界《しかい》の下がゆがんできた。姉は何も言わず目をうるませている。

「嘘《うそ》だよねぇ……」

そう言っても、

答えは返ってこなかった。

姉が子猫を洗《あら》った手で、死んだ子猫の毛をなでる。

二人とも、死因《しいん》はわかっていた。

――私たちが、子猫を殺《ころ》したのだ。

私も、一緒《いっしょ》になって子猫をなでる。冷たさと一緒《いっしょ》に、水が指と指の間にまとわりついてきた。

「寒い中……、ぬらしたまま……、子猫を……、外に……、おいちゃったからぁ……」

声につまりながらも、姉は言った。どんなにその言葉を言うのがつらかっただろうか……。自分のしでかしたことを認《みと》めるのが、こんなにつらいとは思わなかった。できれば、誰《だれ》かのせいにしたい、そして楽になりたいというのが本音《ほんね》だった。

姉はもうすでに、顔を濡《ぬ》らしていた。

「うっ、うぅっ……」

二人の泣きじゃくる声が夜の道路にひびいた。涙《なみだ》でにじんだ目を開けると、そこには電灯《でんとう》に照《て》らされて目をつむっている子猫がいた。確かに、そこにいる。

毛はところどころで一つにまとまっていて、あんなに毛が立っていて、それなりに大きく見えていた子猫が、とても小さく感じられた。そして、そのまとまりの間から肌《はだ》色のひふがかすかに見える。黒い毛から見え隠《かく》れするひふは、より

いっそう白さをましていた。

さっきまでずっと聞いていた愛《あい》らしい声が、私の頭の中で反響《はんきょう》する。

あんな無邪気《むじゃき》な鳴き方をする子猫を、私たちは殺《ころ》してしまった。良いことだと思ってやったことが、かえって子猫を苦《くる》しめる結果《けっか》としてなってしまった。

悔《くや》しかった。悔《くや》しくて、私の胸《むね》の中が不思議《ふしぎ》な感情《かんじょう》でみたされた。どうしてちゃんと

ふいてあげなかったのだろう。どうして外に出すときに気づかなかったのだろう。

そのとき、気づいていたら……

子猫はまた可愛《かわい》らしい声を聞かせてくれたはずなのに。

子猫のまぶたには、水がのっかっていた。涙《なみだ》なのか、洗ったときの水なのかわからなかった。

死の瞬間《しゅんかん》に、緑色の瞳《ひとみ》でこの子猫は何を見たのだろう？

寒くて、苦《くる》しんで、死んでいったのだろうか……。

そう思うと余計《よけい》につらかった。

親《おや》猫

私と姉は子猫をうめることにした。子猫を道のすみにある石の上において、家からタオルとシャベルを持ってきた。

持って来る途中《とちゅう》、私と姉は涙《なみだ》をたやさなかった。生まれて初《はじ》めて見た、何かの死だったからだ。虫の死ぬところなら何回も見たことはあるが、虫とは違《ちが》って子猫は私たちにとって大きな存在《そんざい》だ。

生きていてほしい、そう願《ねが》った存在《そんざい》だった。

おえつをかみしめながら、子猫をおいてきた石の上に行くと、一匹《いっぴき》の猫が目に入った。

「あっ……」

そう言って、姉は立ち止まった。私も涙《なみだ》をぬぐってその光景《こうけい》を見つめた。

その猫は、立派《りっぱ》な大人だった。黒い毛が、すぐそばの白い壁《かべ》とりんかくを分けあって、暗い中でもそこにいることがわかる。

じっと声を出さずに、私は猫の動きを見届《とど》けた。

猫はすらりとした体型で、死んで横たわっている子猫の周《まわ》りを回《まわ》った。そして、小さい鼻《はな》を子猫に近づける。

「うっ……」

ずっと殺《ころ》していたおえつが口からもれでた。口で手を押さえると、すぐさま涙《なみだ》が手につたった。

そんな私たちに気づかないのか、猫は子猫をなめた。何

度も何度もくり返しなめた。それは、まるで命を吹《ふ》き込んでるかのように見えた。

「ひっ……」

私の手からもれた声に、猫は敏感《びんかん》に反応《はんのう》した。耳を立て、こっちの様子をうかがっている。そんな猫と目があって、胸《むね》が苦《くる》しくて上手《うま》く息《いき》ができなかった。

ごめん、ごめん。

それだけを何回もとなえた。

ごめん、ごめんね。ごめんね。

あふれんばかりの涙《なみだ》を、私は

とめられなかった。姉も、ほお

を赤くして泣いていた。

お母さん、ごめんね。

直感《ちょっかん》だが、あの猫は子猫の母

親《おや》だと思った。確信《かくしん》も何もない

けれど、猫と子猫の雰囲気《ふんいき》がやさしくて、あたたかい感じ

がした。

ごめんね、私、あなたの子供、殺《ころ》しちゃったの……。

私は猫を見つめた。もう涙《なみだ》で風景《ふうけい》はぐちゃぐちゃだったけれども、耳をこっちに向けながら、猫は私たちから目をそらして子猫のそばにただいつづけているのがわかる。なにをするでもなく、子猫が起き上がってくるのを待つかのようにそこに座《すわ》っていた。

やっぱり、あの子猫はあそこでお母さんを待つべきだったんだ。そうすれば今ごろ、お母さんのあたたかさにつつまれて世界を見ていたはずだ。

猫は、やっぱりじっとそこにいた。

「私……帰る……」

その光景《こうけい》にたえられなくなり、私は家へと涙《なみだ》をぬぐいながら帰った。姉も、数秒遅《すうびょうおく》れで家に帰る。

怖《こわ》い、怖《こわ》かった。

死を見つめることは怖《こわ》くて、私が自分の手で殺《あや》めてしまったかと思うと自分さえも怖《こわ》かった。

その夜は、ずっと子猫のことを考えていた。

子猫は私を恨《うら》んでいるのだろうか。子猫の母親《おや》は、きっと私を恨《うら》むのだろう。

つらい気持ちにたえきれず、私はまた涙《なみだ》をこぼした。

リセットがきかない命を、初《はじ》めて思い知らされた。

現《げん》実《じつ》

次の朝、恐《おそ》る恐《おそ》る子猫をおき去《ざ》りにした場所をのぞいた。

「あ……」

そこには何もなかった。子猫など最初《さいしょ》からいなかったという風に、石はたたずんであった。

夢だったの？

そう思ってあたりを見渡《わた》すと、そこには子猫をつつんでいたはずのくしゃくしゃにされた新聞紙があった。

やっぱり夢じゃない。

泣きたくなる気持ちをおさえ、私はその石のそばへと近寄《よ》った。

本当に、子猫などそこにいたのだろうかと疑《うたが》うほど、普通《ふつう》に石は存《そん》在《ざい》している。

子猫のなきがらは、どうしたんだろう？

近所の人が気を利《き》かせてうめてくれたのか、それとも処分《しょぶん》してしまったのか、親猫《おや》がどっかに引きずっていったのか、私には見当《けんとう》もつかなかった。

それでも耳にまだ残る可愛《かわい》らしい鳴き声。その声をもう聞けないことは事実《じじつ》なのだ。

私はあたりに散《ち》らばっていた新聞紙を集《あつ》め、苦《くる》しんだ。

子猫が苦《くる》しんだ分だけ苦《くる》しもうと思った。

けれども……。それじゃあ子猫に失礼《しつれい》だと思った。

苦《くる》しみから苦《くる》しみを産《う》んではいけないような気がした。

拳《こぶし》を強く、強くにぎる。

じゃあ、私はどうしたらいいのだろう？

そのとき風が吹《ふ》き、危《あや》うく新聞紙を手放《ばな》しそうになった。

でも、なぜか必死に私は新聞紙をつかんでいた。

もう何も失《うしな》いたくない。

少なからずも、その気持ちがあった。新聞紙に愛着《あいちゃく》がわいたわけではないけれども、なんとなくそういう気分だった。

私は空を見上げる。子猫を最初《さいしょ》に見つけたときと違《ちが》い、明るい光が差し込んでいる。思えば、朝というのは生まれたての何かのようだった。

子猫が死んでしまったという事実《じじつ》は変えられないが、私はいつまでもそこで立ち止まってるべきじゃない。子猫のことを思って苦《くる》しむのは、ただの責任逃《せきにんのが》れだと思った。

石の上にそっと手をそえる。あのときの子猫のように冷たかった。

いのち

子猫の死を通《とお》して、私は死の怖《こわ》さを知った。今までの私は死について軽《かる》く思ってた節《ふし》があった。それに、死というものがそんな近くにあるものとも思っていなかった。

だから、自分のいのちを軽《かる》く見ていた。どうせ、まだ死なないだろうって。
けれども、これからは違《ちが》う。
私は自分のいのちを感じた。
息をしていることの不思議《ふしぎ》さ。生きているということの素晴《すば》らしさ。

私は子猫のいのちを通《とお》して、それを実感《じっかん》することができた。
目を閉《と》じれば、今も聞こえて

くる子猫の鳴き声……。

いのちとは、かけがえのないとても大切《たいせつ》なものなのだ。

いのちとは、かけがえのないとても大切《たいせつ》なものなのだ。

コラム

離乳前の子猫を拾ったら

1．まず暖める

生後間もない子猫は自分で体温を調節できないため、母猫から離れると体温が低下します。

保護してすぐにしなければならないのは、子猫を暖めることです。これが何より大切です。

段ボール箱を用意し、そこに保温性のある衣類、タオル等を敷き、子猫をくるみます。そのとき、使い捨てカイロやお湯を入れたペットボトルも入れ、段ボールの中を暖かくします。使い捨てカイロはかなり高温になるものもあるので、直接子猫に触れないようにします。

子猫をさわるときは、手が冷たいと体温を奪うので、先に手を暖めます。

2．動物病院につれていく

動物病院が開いている時間帯であれば、暖かくした段ボール箱に子猫を入れて連れて行ってください。獣医さんが病気、ケガの確認、治療をしてくれます。その際に、子猫を育てるときの注意点などを教えてもらってください。

たいていの動物病院の診察時間は午後7時ぐらいまでですが、中には24時間診察してくれる病院もあります。

3．大切な授乳

保温の次に大切なのは、授乳（栄養分、水分の補給）です。

ペットショップで猫用ミルクを買ってください。牛乳では子猫はお腹をこわすため、代用できません。どうしても猫用ミルクを入手できない場合は、乳糖を分解した牛乳（商品名「アカディ」）、お湯に砂糖や蜂蜜を溶かしたもので代用してください。温度は人肌か、それより若干温かいぐらい。子猫用のほ乳瓶が入手できない場合は、針のない注射器、スポイト、ストローなどで飲ませてください。

子猫に食欲がなくても、少しずつ口に入れて、時間をかけて与えてください。このとき無理にたくさん飲ませようとしたり、仰向けの姿勢で授乳すると気管に入る可能性がありますので注意してください。授乳間隔は4時間を目安にしてください（猫用ミルクに猫の日齢と与える量や回数の説明があります）。

4．子猫は病気かもしれません

子猫が病気に感染している場合もありますので、すでに猫を飼っている場合は、子猫のいる部屋には入れないようにしてください。また子猫にさわったら、手を洗うようにしてください。

子猫が健康であることがはっきりするまでは、安静にし、遊んだりしないようにしてください。子猫は弱っていても、目の前でヒモを動かしたりすると飛びつきます。その動作がかわいくて何度も繰り返していると、ますます衰弱し、取り返しのつかないことになります。

5．お尻を刺激して排泄

子猫は母猫がお尻を舐めて刺激して、排泄しますので、それと同様のことを行います。ティッシュやキッチンペーパーなどをぬるま湯で絞り、それで肛門付近を刺激してください。

6．里親探し

保護した子猫をそのまま飼えればよいのですが、住宅事情などで飼えない場合、里親をさがさなければなりません。知人をあたったり、動物病院に里親募集のポスターを張ってもらったりする方法があります。最近ではインターネットで里親を探すケースも増えています。子猫の里親を募集している専門のサイトがありますので、そこに登録してもらいます。まれに、実験動物としての販売や虐待を目的として応募してくる人がいますので、注意が必要です（その対処についてはたいていの里親募集のサイトに掲載されています）。「子猫 里親」で検索してみてください。

以上、簡単に子猫を保護したときの対処を説明しましたが、インターネット上に、保護活動をされている個人、団体の方々が詳しい情報を掲載していますので、わからないことがありましたら、検索してみてください。

子猫を世話し、里親を探すのは、ものすごく大変なことです。しかし、子猫はきっとその労力以上の喜びをあなたに与えてくれるでしょう。あなたが飼うことになれば、子猫は最後の時まであなたを慕ってくれます。里親に出すことになっても、美しくて大切な思い出をあなたに残してくれます。

●作者紹介　**高橋さくら**（たかはしさくら）

1993年3月、東京の桜開花宣言の日に生まれる。幼少のころから小動物を愛する。本が好きで、特に重松清、乙一の作品を愛読する。現在、中学3年生。趣味はギターで、ミスターチルドレンの大ファン。

【装丁】
Design Pantos パント末吉

【カバー写真】
横澤進一 (SLY)「れいん」

【本文写真】
横澤進一 (SLY)
あたち
ウィリー

※本書で使用した写真の子猫たち（れいん、メアリー、森《しん》、プー助、ゆず）も保護された猫ですが、今はやさしい飼い主さんのもとで幸せに暮らしています。

第3回キャッツ愛童話賞グランプリ作品

こねこのいのち

平成19年7月9日　第1刷発行

ISBN 978-4-89295-568-6 C8093

発行者　日高　裕明
発行所　ハート出版

〒171-0014
東京都豊島区池袋3-9-23
TEL・03-3590-6077　FAX・03-3590-6078
ハート出版ホームページ http://www.810.co.jp/

印刷　大日本印刷

★乱丁、落丁はお取りかえします。その他お気づきの点がございましたら、お知らせください。

編集担当／西山